Une Promenade Mathématique d'Automne

Deanna Pecaski McLennan

Translated by Naima Alaoui

Copyright © by Deanna Pecaski McLennan
First edition 2019

All rights reserved.

No part of this publication may be reproduced in any form, or by any means, electronic or mechanical, including photocopying, recording, or any information browsing, storage or retrieval system, without permission in writing from the author.

www.mrsmclennan.blogspot.ca

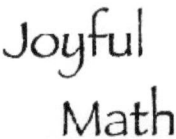

For Cadence, Caleb and Quinn

L'automne est mon temps favouri de l'année.

J'aime se promener dans la nature avec mes frères.

On découvre des trésors mathématiques partout!

On commence nos promenades tôt.

Je remarque les belles couleurs dans le ciel.

Pourquoi le soleil se lève plus tard chaque matin?

Mon frère remarque des marquages sur le sol.

Je me demande si un animal a traversé dans la nuit.

Comment puis-je savoir qui a laissé les traces?

Nous trouvons une arachnide sur la porte.

Mon frère la relève doucement.

Pourquoi ses pattes sont si longues?

Nous marchons à côté des fougères dans le jardin.

Je touche les longueurs des longues feuilles vertes.

Comment est-ce que les frondes de fougères se déploient si doucement?

La tête ronde du tournesol commence à se faner.

Les graines se dessèchent au milieu.

Pourquoi est-ce qu'elles poussent en spirale?

Nous admirons les plusieurs couleurs de fleurs que nous voyons.

Chacune a un centre doux et jaune.

Quels sont les petits points dedans?

Nous marchons sous une canopée d'arbres.

La lumière du soleil traverse le doré, l'orange et le rouge.

Comment est-ce que les feuilles deviennent de couleurs différentes?

Une coccinelle rampe sur un mur de briques.

Elle ouvre ses ailes and s'envole.

Pourquoi les coccinelles ont-elles tant de tâches?

En haut nous entendons le cri d'un oiseau.

Nous levons les yeux en espérant le repèrer, mais il est trop haut.

Quel genre d'oiseau pourrait-il être?

Je remarque 3 petits trous sur un arbre.

Je passe mes mains le long du tronc, en touchant chacun d'eux.

Qu'est-ce qui a fait de tels cercles parfaits dans l'écorce?

Un papillon flotte au soleil chaud.

Nous admirons ses rayures colorées oranges et noires.

Comment de telles ailes délicates peuvent-elles l'aider a voyager si loin?

Une souche pourrie est renversée près du chemin.

Des insectes rampent hors du centre décomposant.

Pourquoi la souche a tant d'anneaux?

Nous sentons des gouttes de pluie tombant du ciel.

Nous les regardons descendre dans des flaques.

Comment est-ce qu'elles forment des cercles parfaits dans l'eau?

Après notre promenade, nous retournons à la maison.

Nous avons découvert plusieurs choses le long du chemin.

Mais les feuilles dispersées sur le sol sont les meilleures de tous.

Quel grand tas de feuilles peut-on faire?

Notes d'Auteure

Passer du temps immergé dans la nature est une merveilleuse façon pour les jeunes enfants pour en savoir plus sur notre monde.
Il y a de la beauté dans les mathématiques. Aider les enfants à reconnaître le lien fort entre la nature et les maths peut les encourager à voir les mathématiques comme un sujet esthétique et captivant. Le plus souvent les seules expériences que les enfants ont avec les mathématiques sont celles à l'intérieur de la salle de classe.

Explorer le math authentique qui existe en nature peut aider à nourrir l'intérêt et la confiance des enfants, en construisant une fondation solide pour des expériences subséquentes. Mon espoir en écrivant ce livre est d'inspirer les enfants, les éducateurs et éducatrices, et les familles à considérer les mathématiques comme une discipline invitante qui vit au-delà des murs de la salle de classe.

Notre monde naturel est plein de liens mathématiques incroyables. Il n'est pas nécessaire de lire ce livre du début jusqu'à la fin. Les photos peuvent être utilisées individuellement, ou en combinaison, pour susciter des conversations et des liens mathématiques avec les enfants. Demandez aux enfants ce qu'ils voient, pensent et remarquent à propos de chaque photo. Posez-leur des questions sur leur théories sur ce qu'ils voient se passer dans chaque page. A la fin du livre, vous allez trouver de l'information pour compléter chaque photo. Les adultes peuvent supporter et prolonger les idées mathématiques et scientifiques des enfants en utilisant cette information. Des resources additionnelles peuvent échafauder l'apprentissage et construire des enquêtes suscitées du texte.

L'information présentée dans ce livre peut servir comme une introduction à de nouveaux concepts de maths, ou comme une référence lorsque des trésors naturels sont découverts par les enfants dehors.

Envisagez de le lire ensemble avec les enfants avant de s'aventurer dehors au monde dans votre propre promenade de math. Vous pourriez choisir d'utiliser les photos comme un moyen d'engager la conversation, ou de lire le livre en entier en utilisant les photos et les narrations.

Lorsqu'on regarde le monde à travers une lentille mathématique, on découvre que tout est possible!

~Deanna

 Dans cette photo, attirez l'attention des enfants sur les différentes nuances du ciel, le contraste entre les objets clairs et foncés, et la notion du temps.

Demandez aux enfants de considérer pourquoi l'heure du lever du soleil et le coucher du soleil change continuellement au cours de l'année. En automne, les jours raccourcissent et le soleil se lève plus tard chaque jour. La quantité de lumière quotidienne qu'on reçoit diminue pendant que l'axe de la terre s'incline loin du soleil.

Cela peut être mesurer en quelque secondes, ou minutes, selon la où vous habitez. Lors de l'équinoxe d'automne la quantité du jour et nuit que nous éprouvons is presque égal. Les idées de mathématiques peuvent inclure la mesure, l'heure, la classification, les angles et l'espace positif et négatif.

Dans cette photo, attirez l'attention des enfants sur les différentes empreintes qu'ils remarquent dans la boue, et les tas dispersés à côté des empreintes individuelles. Demandez aux enfants to partager leurs expériences de trouver et faire des recherches sur les empreintes qu'ils ont trouvé dehors.

Les empreintes sur le sol peuvent donner des indices sur quel type d'animal a traversé le sol. Les détails comme la taille et la forme de l'empreinte, le nombre d'orteils visibles, et la longueur des griffes de l'animal tous peuvent aider à identifier l'animal. Les empreintes sur le sol sont des motifs frieze. Les motifs frieze sont des conceptions sur une surface plate qui avancent dans une direction et qui sont répétitifs.

Les idées mathématiques pourraient inclure mesurer la distance entre chaque piste donne des indices sur la démarche de l'animal (e.g., rapide/lent, côté gauche/côté droit).

Dans cette photo, attirez l'attention des enfants sur la proportion des pattes de l'arachnide par rapport a son corps. Demandez aux enfants de considérer pourquoi les pattes de la créature sont si longues. Ils peuvent réfléchir à sa taille réelle en comparaison avec les mains de l'enfant.

Il y a une idée fausse que les faucheux sont des araignées, mais en réalité ils sont des arachnides. Ils sont semblables aux araignées à certains égards, y compris le fait qu'ils ont huit pattes. Si un prédateur les attrape par une patte, ils ont l'option de laisser tomber la patte bien qu'elle pourrait ne pas repousser.

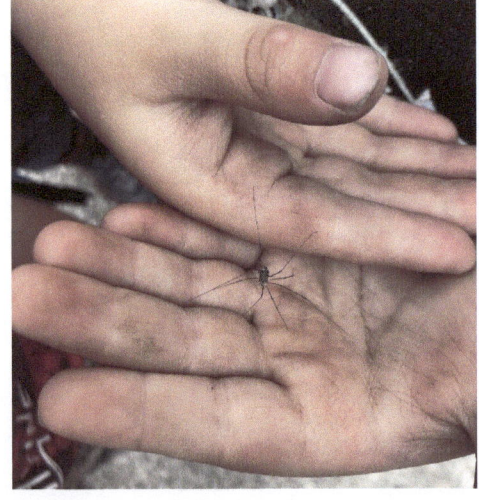

Les idées mathématiques pourraient inclure la taille, la forme, les nombres, le raisonnement proportionnel, la classification et la soustraction.

Dans cette photo, attirez l'attention des enfants sur la nature répétitive des frondes des fougères. Les fougères sont symétriques, avec la moitié de la fronde ressemblant étroitement l'autre moitié. Demandez aux enfants de réfléchir à quoi une fronde individuelle peut ressembler quand c'est amplifié. Les fougères sont des objets auto-semblables, ce qui veut dire qu'une fronde ressemble à une version miniature de la fougère dans son ensemble. Les pins sont aussi un exemple d'objet auto-semblable.

La petite extrémité bien bouclée d'une fronde est appelée une tête de violon, aussi connue sous le nom de "crosse de fougère". Quand elles sont exposées à la lumière, elles vont se dérouler et grandir. La forme spirale de la tête de violon suit une régularité numérique appelée la suite Fibonacci. Les idées mathématiques pourraient inclure la forme, la taille, la bonheur, la symétrie, le dénombrement et les suites.

 Dans cette photo, attirez l'attention des enfants sur la nature répétitive des tournesols, et demandez-leur d'observer et nommer les formes, couleurs et suites qu'ils voient. Demandez aux enfants de prêter une attention particulière au motif spiral qu'ils remarquent dans la tête porte-graines, et faire des hypothèses sur pourquoi cela se produit sur tous les tournesols.

Comme les frondes de fougères, les graines sur un tournesol sont disposées en un motif en spirale qui peut être représenté par des nombres appelés une suite Fibonacci. Les graines se courbent du centre de la fleur aux pétales, en utilisant un arrangement numérique pour maximiser leurs placements. Les enfants peuvent aussi être curieux à propos du grand nombre de graines qui peuvent pousser sur un large tournesol. Les idées mathématiques pourraient inclure la taille, la forme, les suites, les couleurs, l'estimation, et la symétrie.

Dans cette photo, attirez l'attention des enfants sur la structure complexe des fleurs individuelles, et demandez aux enfants d'estimer combien de fleurs et pétales peuvent-ils y avoir au total. Demandez aux enfants de suggérer des façons pour résoudre ce problème d'estimation et de calcul dans la vie réelle.

Lors de la discussion sur la photo, soulignez la variation dans la couleur des fleurs, et attirez l'attention des enfants sur le centre complexe de chaque fleur. Les marguerites sont des fleurs composites, ce qui veut dire que le centre jaune au milieu, appelé un fleuron, est en réalité un groupe de fleurs symétriques minuscules. Les idées mathématiques pourraient inclure la résolution de problème, la planification, l'estimation, le dénombrement, la classification, le tri, les couleurs, la symétrie et les formes.

 Dans cette photo, attirez l'attention des enfants sur les différentes couleurs visibles sur les feuilles. Demandez aux enfants to partager leurs idées sur pourquoi est-ce qu'il y a de si différentes nuances sur le même arbre. Les enfants peuvent aussi partager leur théories sur pourquoi et comment les feuilles changent du vert au rouge, brun, orange, violet et jaune en automne.

Le changement saisonnier est un cycle périodique. L'automne, l'hiver, le printemps et l'été commencent et se terminent approximativement aux mêmes dates du calendrier, indépendamment de l'année. Cent ans plus tôt, et cent ans plus tard, l'automne va toujours commencer et se terminer approximativement au même temps. L'automne apporte moins de lumière du jour et des températures plus froides, ce qui entraîne que les arbres produisent moins de substance alimentaire. Une réaction chimique se produit dans les feuilles, créant l'apparition de plusieurs couleurs. Les idées mathématiques pourraient inclure la transformation, les couleurs, les nombres, les formes, les suites et la mesure.

Dans cette photo, attirez l'attention des enfants sur les empreintes uniques de la coccinelle. Demandez aux enfants de partager leurs expériences avec les insectes, y compris leurs théories sur pourquoi les coccinelles ont des différents nombres de tâches.

Il y a plus de 450 espèces différentes de coccinelles dans l'Amérique du Nord seulement. Le nombre de tâches aide à identifier différents types. Ce scarabée coloré a une symétrie de miroir sur ces ailes. Ce qui veut dire que les deux ailes sont des images miroir l'une de l'autre.

Les idées mathématiques pourraient inclure la taille, les formes, les couleurs, les nombres, la classification, les suites, la mesure et la symétrie.

 Dans cette photo, attirez l'attention des enfants sur les cris et les chants des oiseaux. Soulignez que les oiseaux font des sons uniques, et cela aide les observateurs d'oiseaux à identifier leur type. Ceci est spécialement utile quand un oiseau peut être entendu mais pas vu dans son habitat naturel. Demandez aux enfants de partager leurs expériences précédentes d'écouter les oiseaux dehors, et de partager quelques chants distincts qu'ils pourraient connaître. Plusieurs cris et chants d'oiseaux peuvent êtres trouvés en ligne sur les sites web sur la nature.

Les cris d'oiseaux sont courts et simples. Les chants sont plus complexes et suivent une suite identifiable. Les enfants pourraient être curieux d'apprendre sur les oiseaux locaux de leur région. Les mangeoires à oiseaux peuvent être pendus dehors et les enfants peuvent observer et noter le nombre et les types d'oiseaux qui visitent. Les idées mathématiques pourraient inclure la classification, les suites, les nombres, le volume, la mesure, la cadence et la gestion de données.

Dans cette photo, attirez l'attention des enfants au nombre, taille et forme des trous dans l'écorce. Demandez aux enfants de partager leurs pensées sur comment les trous sont apparues dans l'arbre. Les enfants pourraient aussi être intéressés à discuter les couleurs, les textures et les lignes qu'ils voient sur l'écorce elle-même.

Les trous dans les arbres peuvent être causés par plusieurs choses y compris les oiseaux et insectes perceurs de bois. Des fois les trous sont le résultat d'action humaine (e.g. entaillage pour la fabrication du sirop d'érable). Les idées mathématiques pourraient inclure la mesure, la texture, les suites, les lignes, les formes et les couleurs.

Dans cette photo, attirez l'attention des enfants sur les motifs visibles sur les ailes du papillon. Les tâches et les rayures sur les créatures vivantes aide à les identifier comme faisant partie d'une espèce. Plusieurs rayures sont des motifs d'une dimension avec des couleurs en alternance. Bien que les tâches puissent sembler aléatoires, elles sont souvent placées uniformément sur une zone spécifique du corps de la créature vivante. Demandez aux enfants de décrire les rayures et tâches qu'ils observent sur le corps du papillon. Quelles sont leurs théories sur pourquoi ils existent? Quels autres objets vivants avec des rayures et tâches peuvent-ils identifier ?

En Automne, les papillons monarques commencent leur migration vers le sud à travers l'Amérique du Nord pour des climats plus chauds. Ils volent des milliers de miles dans ce trajet incroyable. Les enfants pourraient être intéressés d'apprendre sur leurs cycles de vie. Les idées mathématiques pourraient inclure les suites, les formes, les couleurs, les lignes, la texture, la mesure et les cycles.

Dans cette photo, attirez l'attention des enfants sur les anneaux circulaires intéressants formés autour du centre de la souche. Ils pourraient aussi être intéressés de faire des hypothèses sur le milieu décomposant, et comment de si nombreuses fissures se sont formées sur la surface de la souche. Demandez aux enfants de décrire ce qu'ils voient en utilisant des termes mathématiques, et offrir leurs théories sur ce qui aurait pu arriver à la souche.

Les anneaux à l'interieur d'une souche sont des cercles concentriques. Les anneaux plus près du centre sont petits et s'agrandissent le plus loin du centre qu'ils sont. Les anneaux concentriques nous donnent des indices sur quel âge un arbre aurait pu être quand it était abattu. Les idées mathématiques pourraient inclure les formes, la taille, les suites, les nombres, la mesure et l'âge.

 Dans cette photo, attirez l'attention des enfants aux cercles formants dans la flaque d'eau à la suite de la chute de gouttes de pluie.
Lors d'un jour pluvieux, emmenez les enfants dehors pour vivre cette expérience directement. Demandez aux enfants de décrire ce qu'ils voient, et offrir leurs théories sur pourquoi cela se produit.

La force des gouttes de pluie déplace l'eau de la flaque à l'impact. La symétrie circulaire se produit parce que la goutte de pluie fait bouger l'eau fluide de façon égale loin du centre de l'impact. Les vagues bougent vers l'extérieur dans un rythme à motifs, c'est pour cela que vous voyez plusieurs cercles l'un à l'intérieur de l'autre dans cette photo. Les idées mathématiques pourraient inclure les formes, la taille, les suites, la force, la capacité et les cycles.

A propos de l'Auteure

Deanna Pecaski McLennan, Ph.D., est une éducatrice du cycle primaire en Ontario, Canada. Deanna est fascinée par les mathématiques et aime explorer son application naturelle et authentique dans le monde vivant. Elle espère aider les enfants et les familles à reconnaître les mathématiques comme un sujet beau et fascinant, et augmenter la confiance des enfants et leurs intérêts pour les maths.

Deanna is an elementary educator in Ontario, Canada. Deanna is fascinated by math and loves exploring its natural and authentic application in the living world. She hopes to help children and families recognize math as a beautiful and fascinating subject, and grow children's confidence and interest in math.

Suivez Deanna sur Twitter et Instagram pour des mises à jour régulières de sa classe, y compris des idées pour engager les enfants dans des mathématiques enjoués et émergents dans la salle de classe et au-delà. Etendre l'apprentissage des mathématiques en plein air est une exploration favourite!

Follow Deanna on Twitter and Instagram for regular updates from her classroom including ideas for engaging children in playful, emergent math inside the classroom and beyond. Extending math learning outdoors is a favourite exploration!

Connectez avec Deanna:

deannapecaskimclennan@gmail.com
@McLennan1977
www.mrsmclennan.blogspot.ca

Author's Note

Spending time immersed in nature is a wonderful way for young children to learn about our world.

There is beauty in mathematics. Helping children to recognize the strong connection between nature and math may encourage them to see mathematics as an aesthetic and captivating subject. So often the only experiences children have with math are those found inside the classroom. Exploring the authentic math that exists in nature may help nurture children's interest and confidence, building a strong foundation for subsequent experiences.

My hope in writing this book is to inspire children, educators and families to see math as an inviting discipline that lives beyond the walls of the classroom. Our natural world is filled with amazing mathematical connections. This book does not need to be read beginning to end. The photos can be used individually, or in combination, to spark mathematical conversations and connections with children. Ask children what they see, think and wonder about each picture. Ask what their theories are for what they see happening on each page. At the end of the book you will find information to compliment each photo. Adults can support and extend children's mathematical and scientific ideas using this information. Additional resources can scaffold and build inquiries that spark from the text.

The information presented in this book can serve as an introduction to new math concepts, or as a reference when natural treasures are discovered by children outdoors. Consider reading it together with children before venturing out into the world on your own math walk. You might choose to use the photos as conversation starters, or read the book in its entirety using photos and narrative.

When we look at the world through a mathematical lens, we discover that anything is possible!

~Deanna

 In this photo draw children's attention to the different shades of the sky, the contrast of light and dark objects, and the concept of time. Ask children to consider why the times of sunrise and sunset continually change over the course of a year.

In autumn the days grow shorter and the sun rises later each day. The amount of daily sunlight we receive decreases as the earth's axis tilts away from the sun. This can be measured by a few seconds, or minutes, depending on where you live. On the autumn equinox the amount of day and night we experience is almost equal. Math ideas might include measurement, time, classification, angles, positive and negative space.

In this photo draw children's attention to the different imprints they notice in the dirt, and the scattered piles near the individual prints. Ask children to share their experiences finding and researching the prints they have found outdoors.

Footprints in soil can give clues about what type of animal has travelled through. Details such as the size and shape of the print, the number of visible toes, and the length of the animal's claws all help with identification. Prints in soil are frieze patterns. Frieze patterns are designs on a flat surface that move in one direction and are repetitive in nature. Measuring the distance between each track gives clues to the animal's gait (e.g., fast/slow, left side/right side). Math ideas might include shape, size, speed, opposites, reflection and symmetry.

In this photo draw children's attention to the proportion of the arachnid's legs to its body. Ask children to consider why the creature's legs are so long. They might wonder about its actual size in comparison to the child's hands.

There is a misconception that Daddy Long Legs are spiders, but they are actually arachnids. They are similar to spiders in some ways, including having eight legs. If a predator catches them by a leg, they have the option to shed the leg although it might not grow back. Math ideas might include size, shape, number, proportional reasoning, classification and subtraction.

In this photo draw children's attention to the repeating nature of the fern fronds. Ferns are symmetrical, with one half of the frond closely resembling the other half. Ask children to consider what an individual frond looks like when magnified. Ferns are self-similar objects, which means that one frond looks like a miniature version of the fern as a whole. Pine trees are also an example of a self-similar object.

The small tightly curled end of a frond is called a fiddlehead. As these are exposed to light, they will unroll and grow. The spiral form of the fiddlehead follows a numerical pattern called the Fibonacci Sequence. Math ideas might include shape, size, length, symmetry, counting and patterns.

 In this photo draw children's attention to the repeating nature of sunflowers, and ask children to notice and name the shapes, colours and patterns they see. Ask children to pay careful attention to the spiralling design they notice in the seed head, and hypothesize as to why this occurs on all sunflowers.

Like fern fronds, the seeds on a sunflower are arranged in a spiralling pattern that can be represented by numbers called the Fibonacci Sequence. The seeds curve from the centre of the flower to the petals, using a numerical arrangement in order to maximize their placement. Children might also be curious about the large number of seeds that can grow on a large sunflower. Math ideas might include size, shape, pattern, colours, estimation, and symmetry.

In this photo draw children's attention to the intricate structure of the individual flowers, and ask children to estimate how many flowers and petals there might be in total. Ask children to suggest ways they would solve this estimation and calculation problem in real life. When discussing the photo highlight the variation in flower colour, and draw children's attention to the intricate center of each bloom.

Daisies are composite flowers which means the yellow center in the middle, called a disc floret, is actually a cluster of tiny symmetrical flowers. Math ideas might include problem solving, planning, estimation, counting, classification, sorting, colour, symmetry and shape.

In this photo draw children's attention to the different colours visible on the leaves. Ask children to share their ideas for why so many different shades appear on the same tree. Children can also share their theories for why and how leaves change from green to red, brown, orange, purple, and yellow in autumn.

Seasonal change is a periodic cycle. Autumn, winter, spring and summer start and end on approximately the same calendar dates, regardless of the year. One hundred years ago, and one hundred years from now, autumn will still begin and end at approximately the same time. Autumn brings less daylight and colder temperatures, which results in trees producing less food. A chemical reaction occurs in leaves, creating the appearance of many colours. Math ideas might include transformation, colour, number, shape, pattern and measurement.

In this photo draw children's attention to the unique markings of the ladybug. Ask children to share their experiences with insects, including their theories for why ladybugs have different numbers of spots.

There are over 450 different species of ladybugs in North America alone. The number of spots helps to identify which kind it is. This colourful beetle has mirror symmetry on its wings. This means that both wings are mirror images of each other. Math ideas might include size, shape, colour, number, classification, pattern, measurement and symmetry.

 In this photo draw children's attention to the calls and songs birds make. Point out that birds make unique sounds, and these help birders identify which type they are. This is especially helpful for when a bird can be heard but not seen in their natural habitat. Ask children to share their previous experiences listening to birds outdoors, and to share any distinct ones they might know. Many bird calls and songs can be found on nature websites online.

Bird calls are short and simple. Songs are more complex and have an identifiable pattern. Children might be curious to learn about local birds in their area. Feeders can be hung outdoors and children can observe and record the numbers and types of birds that visit. Math ideas might include classification, pattern, number, volume, cadence, measurement, and data management.

In this photo draw children's attention to the number, size and shape of the holes in the bark. Ask children to share their thoughts on how the holes appeared in the tree. Children might also be interested in discussing the colours, textures, and lines they see in the bark itself.

Holes in trees can be caused by many things including wood boring birds and insects. Sometimes holes are the result of human action (e.g., tapping for syrup). Math ideas might include measurement, texture, pattern, line, shape, and colours.

In this photo draw the children's attention to the visible patterns on the butterfly's wings. Spots and stripes on living creatures help identify them as part of a species. Many stripes are one-dimensional patterns that have alternating colours. Although spots might look random, they are often placed uniformly over a specific area of the living creature's body. Ask children to describe the stripes and spots they notice on the butterfly's body. What are their theories for why these exist? What other living objects can they identify that have spots and stripes?

In autumn Monarch butterflies begin their migration south across North America to warmer climates. They fly thousands of miles on this incredible journey. Children might be interested in learning about their lifecycle. Math ideas might include pattern, shape, colour, line, texture, measurement, and cycles.

In this photo draw children's attention to the interesting circular rings formed around the center of the stump. They might also be interested in hypothesizing about the decomposing middle, and how so many cracks formed on the stump's surface. Ask children to describe what they see using math terms, and offer their theories on what might have happened to the stump.

The rings inside a stump are concentric circles. The rings closest to the middle are small and grow larger the farther from the center they are. Concentric rings give us clues as to how old a tree might have been when it was cut down. Math ideas include shape, pattern, size, numbers, measurement, and age.

In this photo draw children's attention to the circles forming in the puddle as a result of raindrops falling. On a rainy day take children outdoors to experience this firsthand. Ask children to describe what they see, and offer theories on why this is happening.

The force of the raindrop displaces the puddle water on impact. Circular symmetry results because the raindrop moves the fluid water equally away from the point of impact. Waves move outwards in a patterned rhythm, which is why you see many circles inside one another in the photo. Math ideas include shape, size, pattern, force, capacity, and cycles

Joyful
Math

www.ingramcontent.com/pod-product-compliance
Lightning Source LLC
Chambersburg PA
CBHW051206220526
45473CB00003B/922